Relativistic Causality
Lorentz transformation in Special Relativity

Aleks Kleyn

E-mail address: Aleks_Kleyn@MailAPS.org
URL: http://sites.google.com/site/alekskleyn/
URL: http://arxiv.org/a/kleyn_a_1
URL: http://AleksKleyn.blogspot.com/

Релятивистская причиность
Преобразование Лоренца
в специальной теории относительности
Перевод с английского

Александр Клейн

E-mail address: Aleks_Kleyn@MailAPS.org
URL: http://sites.google.com/site/alekskleyn/
URL: http://arxiv.org/a/kleyn_a_1
URL: http://AleksKleyn.blogspot.com/

Аннотация. Утверждение о возможности движения со сверхсветовой скоростью не противоречит специальной теории относительности. Чтобы сформулировать специальную теорию относительности, достаточно предположить независимость скорости света от системы отсчёта. Из уравнений специальной теории относительности следует, что объект, движущийся быстрее света в вакууме, не может быть носителем релятивистской причинно-следственной связи.

В системе отсчёта S_3, движущейся со сверхсветовой скоростью $v_{3 \cdot 2}$ относительно системе отсчёта S_2, меняются местами временная и пространственная оси. Следовательно, причинно-следственные связи в системах отсчёта S_2 и S_3 различны. Если система отсчёта S_1 движется со скоростью $v_{1 \cdot 2}$

$$\frac{c^2}{v_{3 \cdot 2}} < v_{1 \cdot 2} < c$$

относительно системы отсчёта S_2 в направлении возрастающих значений x, то система отсчёта S_3 движется в направлении убывания значений x системы отсчёта S_1. Следовательно, наблюдатели систем отсчёта S_1 и S_2 воспринимают по разному движение системы отсчёта S_3.

В книге рассмотрена процедура отслеживания движения в специальной теории относительности, а также проанализированы различия движения с постоянной скоростью, которая меньше скорости света в вакууме, и движения с постоянной скоростью, которая больше скорости света в вакууме.

ISBN: 1482066165

ISBN-13: 978-1482066166

Оглавление

1. Вопрос о возможности сверхсветовой скорости

Противоречит ли возможность материального объекта двигаться со скоростью, превышающей скорость света, основным постулатам специальной и общей теории относительности? Нет. Единственный постулат, который лежит в основе специальной теории относительности, это утверждение о независимости скорости света от выбора системы отсчёта. Преобразования Лоренца, представленные в виде

$$t_2 = \sqrt{\frac{c^2}{c^2 - v^2}} \left(t_1 - \frac{v}{c^2} x_1 \right)$$
$$x_2 = \sqrt{\frac{c^2}{c^2 - v^2}} (x_1 - vt_1)$$

имеют смысл только если относительная скорость меньше скорости света. Из этого можно сделать вывод, что относительная скорость не может быть больше скорости света.

Недавний эксперимент, выполненный в ЦЕРН по определению скорости нейтрино ([9]) вернули нас к вопросу о возможности движения со скоростью, большей чем скорость света, и как это может отразиться на причинно-следственной связи. В этой статье я попытался ответить на эти вопросы в рамках специальной теории относительности.[1]

Для того, чтобы понять закон преобразования координат при переходе к системе отсчёта, которая движется со скоростью, превышающей скорость света, я обратился непосредственно к статьям Эйнштейна [1, 2]. Прежде чем рассмотреть закон преобразования координат при переходе к системе отсчёта, которая движется со скоростью, превышающей скорость света, я рассмотрел закон преобразования координат при переходе к системе отсчёта, которая движется со скоростью, меньшей чем скорость света.

Из законов динамики специальной теории относительности следует, что если нет внешних воздействий на материальный объект, то этот объект либо в любой системе отсчёта движется со скоростью света, либо не существует системы отсчёта, относительно которой рассматриваемый объект движется со скоростью света.

Анализ преобразований показывает, что в системе отсчёта S_3, движущейся со сверхсветовой скоростью относительно системе отсчёта S_1, меняются местами временная и пространственная оси. Это означает, что в системе отсчёта S_3 разрушена привычная нам причинно-следственная связь во времени, однако появляется причинно-следственная связь вдоль пространственной оси.

Если система отсчёта S_3 движется со скоростью $v_{3 \cdot 2}$ в направлении возрастания значений x системы отсчёта S_2 и система отсчёта S_2 движется относительно системы отсчёта S_1 со скоростью $v_{2 \cdot 1}$

$$-c < v_{2 \cdot 1} < c$$

то скорость системы отсчёта S_3 относительно системы отсчёта S_2 также больше скорости света. Однако, согласно следствию 5.6, если система отсчёта S_1 движется со скоростью $v_{1 \cdot 2}$

$$\frac{c^2}{v_{3 \cdot 2}} < v_{1 \cdot 2} < c$$

относительно системы отсчёта S_2 в направлении возрастающих значений x, то система отсчёта S_3 движется в направлении убывания значений x системы отсчёта S_1. Следовательно, наблюдатели систем отсчёта S_1 и S_2 воспринимают по разному последовательность пространственных событий в системе отсчёта S_3. Если объект движется относительно системы

---

[1]На протяжении XX века многочисленные исследования подтвердили верность специальной теории относительности. Новые теории, стремящиеся объединить квантовую механику и общую теорию относительности, опираются на геометрию, отличную от геометрии пространства событий специальной теории относительности. Соответственно, существует несколько различных концепций причинно-следственной связи. Каждая из этих концепций имеет свою область приложений. Тем не менее, мы ожидаем, что предсказания новой теории при некоторых условиях близки предсказаниям специальной или общей теории относительности, либо отличие предсказаний можно проверить экспериментально.

отсчёта S быстрее света в вакууме, то этот объект не может быть носителем причинно-следственной связи системы отсчёта S.

2. Теоремы об отражении

Пространство событий специальной теории относительности не является евклидовым пространством. Поэтому мы не будем использовать теоремы, рассматриваемые в этом разделе, для доказательства каких-либо утверждений о пространстве событий. Однако эти теоремы необходимы для понимания, почему мы выбрали ту или иную модель.

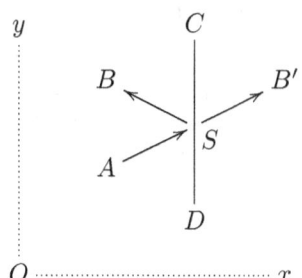

ТЕОРЕМА 2.1. *Пусть прямая CD в плоскости xy параллельна оси y. Пусть мяч движется в плоскости xy вдоль луча AS и отражается относительно прямой CD в точке S. Пусть отражённый мяч движется вдоль луча SB. Если луч AS не параллелен оси x и не параллелен оси y, то координата y изменяется монотонно и координата x имеет экстремум в точке S.*

ЗАМЕЧАНИЕ 2.2. Рассмотрим случаи, не включённые в теорему.

Если точка A принадлежит прямой CD, то точка B также принадлежит прямой CD. Тогда координата y изменяется монотонно и координата x постояна; поэтому мы можем любую точку рассматривать как экстремум координаты x.

Если луч AS параллелен оси x, то луч SB также параллелен оси x. Тогда координата x имеет экстремум в точке S и координата y постояна; поэтому мы можем утверждать, что она изменяется монотонно.

ЗАМЕЧАНИЕ 2.3. Мы будем называть угол ASD углом падения. Мы будем называть угол CSB углом отражения. Так как луч AS не параллелен оси x, то угол падения не является прямым. Так как луч AS не параллелен оси y, то величина угла падения не равна 0. Если угол ASD тупой, то мы можем рассматривать смежный угол в качестве угла падения. Поэтому в дальнейшем мы будем полагать, что угол падения - острый.

ДОКАЗАТЕЛЬСТВО. Луч SB' является продолжением луча AS. При отсутствии отражения в точке S, мяч движется из точки A в точку B'. При этом координаты x, y изменяются монотонно. Вследствие отражения, мяч движется по лучу SB, симметричному лучу SB' относительно прямой CD. Поэтому скорость изменения координаты y не меняется, а скорость изменения координаты x меняет знак в точке S. Следовательно, координата x имеет экстремум в точке S. $\square$

ТЕОРЕМА 2.4. *Пусть прямая CD в плоскости xy параллельна оси y. Пусть мяч движется в плоскости xy вдоль луча AS и отражается относительно прямой CD в точке S. Пусть отражённый мяч движется вдоль луча SB. Пусть луч AS не параллелен оси x и не параллелен оси y. Пусть величина угла между прямой KL и прямой CD меньше, чем величина угла ASD. Если прямая LK пересекает луч AS в точке E, то прямая LK пересекает луч SB в точке F. При этом координата y_S заключена между координатами y_E и y_F.*

ДОКАЗАТЕЛЬСТВО. Согласно замечанию 2.3, угол ASD - острый.

Пусть прямая KL параллельна прямой CD. Если $SB = AS$, то

$$\angle BAS = \angle ABS$$

Так как

$$\angle ASD = \angle BSC$$

то

$$\angle ASD = \angle BAS$$

Следовательно

$$AB \parallel CD \quad AB \parallel KL$$

Так как прямая KL пересекает отрезок AS в точке E, то согласно аксиоме Паша прямая KL должна пересечь либо отрезок AB, либо отрезок BS. Так как $AB \parallel KL$, то прямая KL пересекает отрезок BS в точке F.

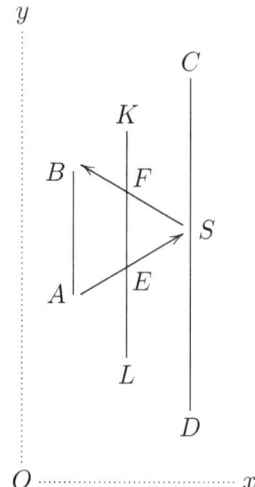

Пусть $\angle LKD$ - острый угол. Пусть $EG \perp CD$. Так как $\angle ASD$, $\angle LKD$ - острые углы, то точки S, K и точка D находятся по разные стороны от точки G. Так как

$$\angle LKD < \angle ASD$$

то точка K находится дальше от точки G чем точка S. Так как углы LKD и BSC острые, то существует треугольник KSF, вершина F которого является пересечением прямой KL и луча SB.

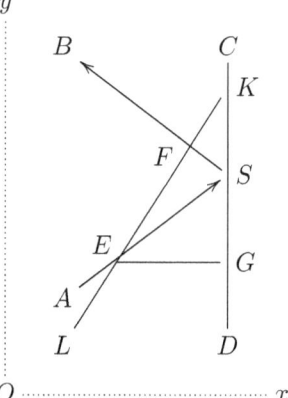

Пусть $\angle LKC$ - острый угол. Пусть $EG \perp CD$. Так как $\angle ASD$, $\angle LKC$ - острые углы, то точки S и K находятся по разные стороны от точки G. Так как сумма углов LKC и BSD меньше $180°$, то существует треугольник KSF, вершина F которого является пересечением прямой KL и луча SB.

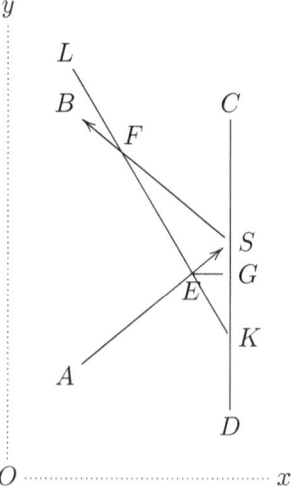

Утверждение, что координата y_S заключена между координатами y_E и y_F следует из теоремы 2.1. $\square$

3. Преобразование Лоренца, относительная скорость меньше скорости света

Рассмотрим пространство событий специальной теории относительности.[2] Для пространственного измерения необходимо иметь три жёстких стержня, перпендикулярных друг другу и жёстко между собой связанных, а также жёсткий единичный масштаб. Данные три стержня и масштаб порождают декартову систему координат, в которой координаты x, y, z однозначно определяют положение точки в пространстве. Для измерения времени точечного события нам нужны часы, покоящиеся относительно системы координат в непосредственной близости от точечного события.

Пусть во многих точках расположены покоящиеся относительно системы координат часы. Пусть эти часы равноценны, т. е. разность показаний двух таких часов не изменяется. Для того, чтобы часы давали время в том виде, в каком оно нужно для физических целей, часы должны быть сверены так, что скорость распространения светового луча в вакууме равна универсальной постоянной c при условии, что система координат является неускоренной. Совокупность показаний сверенных указанным образом часов мы будем называть временем системы координат.

Система координат вместе с единичным масштабом и часами, служащими для определения времени системы, называется системой отсчёта S. Любое событие в системе отсчёта S можно идентифицировать с помощью координат x, y, z и момента времени t. Множество событий в системе отсчёта S порождает пространство событий. В дальнейшем мы будем отождествлять наблюдателя и начало координат сопутствующей ему системы отсчёта. Траектория наблюдателя в пространстве событий называется мировой линией наблюдателя или мировой линией системы отсчёта.

Движению с постоянной скоростью соответствует прямая линия в пространстве событий. Тангенс угла между этой прямой и осью t равен скорости движения. Прямые l_1, l_2 описывают траекторию распространения света, проходящего через начало координат. Прямая b описывает траекторию движения со скоростью меньше скорости света. Угол между прямой b и осью t меньше, чем угол между прямой l_1 и осью t.

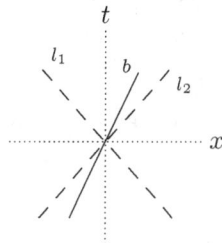

Пусть наблюдатель A_2 движется вдоль оси x со скоростью $v < c$ относительно наблюдателя A_1 (прямая AB в пространстве событий). В момент времени t_1 (точка F_1 в пространстве событий) наблюдатель A_2 посылает луч света в направлении точки с координатой x_2 (точка F_2 в пространстве событий). В точке с координатой x_2 стоит зеркало, которое отражает свет в момент времени t_2. В пространстве событий отражение света в точке с координатой x_2 равносильно отражению луча относительно прямой CD, параллельной оси t. Следовательно, мы можем использовать теоремы 2.1, 2.4. Согласно теореме 2.4, отражённый луч пересечёт прямую AB в точке F_3 в момент времени t_3, $t_1 < t_2 < t_3$.

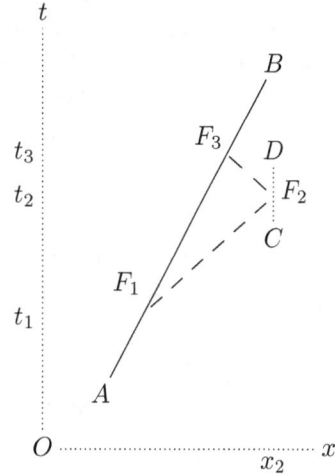

---

[2]Определение системы отсчёта в этом разделе дано согласно определению системы отсчёта в [2], §1.

Рассмотрим две системы отсчёта в пространстве.[3] Пусть оси x обеих систем отсчёта совпадают. Пусть оси y и z обеих систем отсчёта параллельны. Пусть масштабы длины и времени в обеих системах отсчёта совпадают.

Мы говорим, что системы отсчёта S_2 имеет постоянную скорость относительно системы отсчёта S_1, если начало координат системы отсчёта S_2 имеет постоянную скорость относительно начала координат системы отсчёта S_1 и эта скорость передаётся также координатным осям, а также соответствующим масштабам.

Пусть система отсчёта S_2 имеет постоянную скорость $v < c$ в направлении возрастающих значений x системы отсчёта S_1. Каждому набору значений t_1, x_1, y_1, z_1, которые полностью определяют место и время события в системе отсчёта S_1, соответствует набор значений t_2, x_2, y_2, z_2, устанавливающих это событие в системе отсчёта S_2. Уравнения, связывающие эти величины, должны быть линейными в силу однородности пространства и времени.

Если $v = 0$, то мировые линии систем отсчёта S_1 и S_2 параллельны. Изменение координат при переходе от системы отсчёта S_1 к системе отсчёта S_2 является параллельным сдвигом, порождённым изменением начала отсчёта координат и начала отсчёта времени. Если $v \neq 0$, то мировые линии систем отсчёта S_1 и S_2 имеют единственную точку пересечения. Выберем за начало отсчёта времени в системах отсчёта S_1 и S_2 момент пересечения мировых линий систем отсчёта S_1 и S_2. Тогда линейные уравнения преобразований будут однородными.

Если мы положим

$$(3.1) \qquad x_1' = x_1 - vt_1$$

то точке, покоящейся в системе отсчёта S_2, будет принадлежать независимый от времени набор координат x_1', y_1, z_1. Следовательно, t_2 является линейной функцией x_1', y_1, z_1, t_1

$$(3.2) \qquad t_2 = Ax_1' + Bt_1$$

Предполагается, что коэффициенты A, B могут зависеть от скорости v. Мы также полагаем

$$(3.3) \qquad y_2 = y_1 \quad z_2 = z_1$$

Пусть из начала координат системы отсчёта S_2 в момент времени $t_{2 \cdot 1}$ посылается луч света вдоль оси x в точку $x_2 = x_{2 \cdot 2}$ и отражается оттуда в момент времени $t_2 = t_{2 \cdot 2}$ назад в начало координат, куда он приходит в момент времени $t_{2 \cdot 3}$. Тогда

$$(3.4) \qquad t_{2 \cdot 2} = \frac{t_{2 \cdot 1} + t_{2 \cdot 3}}{2}$$

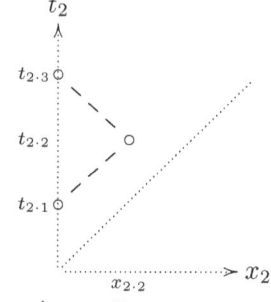

Если точка находится на мировой линии системы отсчёта S_2, то $x_1' = 0$. В частности,

$$(3.5) \qquad x_{1 \cdot 1}' = x_{1 \cdot 1} - vt_{1 \cdot 1} = 0$$

$$(3.6) \qquad x_{1 \cdot 3}' = x_{1 \cdot 3} - vt_{1 \cdot 3} = 0$$

Согласно определению (3.1), значение $x'_1 = x'_{1.2}$ в системе отсчёта S_1 соответствует точке $x_2 = x_{2.2}$, покоящейся в системе отсчёта S_2, т. е. это значение соответствует точке, которая движется вдоль оси x в направлении возрастания x со скоростью v и которая в момент $t_1 = 0$ находится в точке $x_1 = x'_{1.2}$. Следовательно, луч света, излучённый в точке $x_1 = x_{1.1}$ в момент времени $t_1 = t_{1.1}$, достигнет точку, соответствующую значению $x'_1 = x'_{1.2}$, в момент времени $t_1 = t_{1.2}$ такой, что

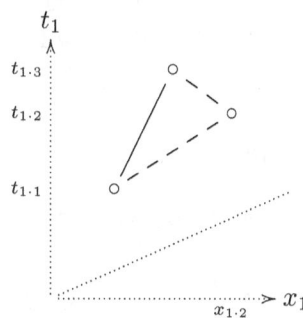

$$(3.7) \qquad x_{1.1} + c(t_{1.2} - t_{1.1}) = x'_{1.2} + vt_{1.2}$$

Из равенства (3.7) следует

$$(3.8) \qquad x_{1.1} - vt_{1.1} + c(t_{1.2} - t_{1.1}) = x'_{1.2} + vt_{1.2} - vt_{1.1}$$

Из равенств (3.5), (3.8) следует

$$(3.9) \qquad c(t_{1.2} - t_{1.1}) = x'_{1.2} + v(t_{1.2} - t_{1.1})$$

Из равенства (3.9) следует

$$(3.10) \qquad t_{1.2} = t_{1.1} + \frac{x'_{1.2}}{c - v}$$

Из равенства (3.6) следует, что луч света, отражённый в точке $x_1 = x_{1.2}$ в момент времени $t_1 = t_{1.2}$, достигнет точку, соответствующую значению $x'_1 = x'_{1.3}$, в момент времени $t_1 = t_{1.3}$ такой, что

$$(3.11) \qquad (x'_{1.2} + vt_{1.2}) - c(t_{1.3} - t_{1.2}) = vt_{1.3}$$

Из равенства (3.11) следует

$$(3.12) \qquad x'_{1.2} - c(t_{1.3} - t_{1.2}) = vt_{1.3} - vt_{1.2} = v(t_{1.3} - t_{1.2})$$

Из равенства (3.12) следует

$$(3.13) \qquad x'_{1.2} = (c + v)(t_{1.3} - t_{1.2})$$

Из равенства (3.13) следует

$$(3.14) \qquad t_{1.3} = t_{1.2} + \frac{x'_{1.2}}{c + v}$$

Из равенств (3.10), (3.14) следует

$$(3.15) \qquad t_{1.3} = t_{1.1} + \frac{x'_{1.2}}{c - v} + \frac{x'_{1.2}}{c + v}$$

Из равенств (3.2), (3.4), (3.10), (3.15), следует

$$(3.16) \qquad 2\left(Ax'_{1.2} + B\left(t_{1.1} + \frac{x'_{1.2}}{c - v}\right)\right) = Bt_{1.1} + B\left(t_{1.1} + \frac{x'_{1.2}}{c - v} + \frac{x'_{1.2}}{c + v}\right)$$

Из уравнения (3.16) следует

$$(3.17) \qquad A = \frac{B}{2}\left(\frac{1}{c + v} - \frac{1}{c - v}\right) = -B\frac{v}{c^2 - v^2}$$

Из равенств (3.2), (3.17) следует

$$(3.18) \qquad t_{2.2} = B\left(t_{1.2} - \frac{v}{c^2 - v^2}x'_{1.2}\right)$$

Согласно построению, $x'_{1\cdot 2}$ в равенстве (3.18) произвольно. Аналогично, $t_{1\cdot 2}$ произвольно, так как согласно равенству (3.10), для заданного значения $x'_{1\cdot 2}$ мы можем подобрать значение $t_{1\cdot 1}$ так, чтобы получить заданное значение $t_{1\cdot 2}$. Поэтому мы можем записать равенство (3.18) в виде

$$(3.19) \qquad t_2 = B\left(t_1 - \frac{v}{c^2 - v^2}x'_1\right)$$

В частности, из равенств (3.10), (3.19) следует

$$(3.20) \qquad t_{2\cdot 1} = Bt_{1\cdot 1}$$

Так как свет при измерении в системе отсчёта S_2 также распространяется со скоростью c, то из равенств (3.19), (3.20) следует[4]

$$(3.21) \qquad x_2 = c(t_2 - t_{2\cdot 1}) = cB\left(t_1 - \frac{v}{c^2 - v^2}x'_1 - t_{1\cdot 1}\right)$$

Из равенств (3.21), (3.10) следует

$$(3.22) \qquad x_2 = cB\left(t_1 - t_{1\cdot 1} - \frac{v}{c^2 - v^2}x'_1\right) = cB\left(\frac{x'_1}{c - v} - \frac{v}{c^2 - v^2}x'_1\right)$$

Из равенств (3.1), (3.18), (3.22) следует

$$(3.23) \qquad \begin{aligned} t_2 &= B\left(t_1 - \frac{v}{c^2 - v^2}(x_1 - vt_1)\right) = B\frac{c^2}{c^2 - v^2}\left(t_1 - \frac{v}{c^2}x_1\right) \\ x_2 &= B\frac{c^2}{c^2 - v^2}x'_1 \qquad\qquad = B\frac{c^2}{c^2 - v^2}(x_1 - vt_1) \end{aligned}$$

Так как скорость распространения света в пустоте[5] относительно систем отсчёта S_1 и S_2 равна c, уравнения

$$(3.24) \qquad \begin{aligned} x_1^2 + y_1^2 + z_1^2 &= c^2 t_1^2 \\ x_2^2 + y_2^2 + z_2^2 &= c^2 t_2^2 \end{aligned}$$

должны быть эквивалентны. Из равенств (3.3), (3.24) следует

$$(3.25) \qquad x_1^2 - c^2 t_1^2 = x_2^2 - c^2 t_2^2$$

Из равенств (3.23), (3.25) следует

$$(3.26) \qquad \begin{aligned} &x_1^2 - c^2 t_1^2 \\ ={}&B^2\frac{c^4}{(c^2 - v^2)^2}(x_1 - vt_1)^2 - c^2 B^2\frac{c^4}{(c^2 - v^2)^2}\left(t_1 - \frac{v}{c^2}x_1\right)^2 \\ ={}&\frac{B^2}{c^2}\frac{c^4}{(c^2 - v^2)^2}(c^2(x_1 - vt_1)^2 - (c^2 t_1 - vx_1)^2) \\ ={}&B^2\frac{c^2}{(c^2 - v^2)^2}(c^2 x_1^2 - 2c^2 vx_1 t_1 + c^2 v^2 t_1^2 - c^4 t_1^2 + 2c^2 vx_1 t_1 - v^2 x_1^2) \\ ={}&B^2\frac{c^2}{(c^2 - v^2)^2}((c^2 - v^2)x_1^2 - c^2(c^2 - v^2)t_1^2) \\ ={}&B^2\frac{c^2}{c^2 - v^2}(x_1^2 - c^2 t_1^2) \end{aligned}$$

---

[4]Формально, мы должны записать

$$x_2 = x_{2\cdot 1} + c(t_2 - t_{2\cdot 1})$$

Однако согласно построению $x_{2\cdot 1} = 0$.

[5]В этой части рассуждений я следую [2], §3.

Из равенства (3.26) следует

$$(3.27) \qquad B = \pm\sqrt{\frac{c^2 - v^2}{c^2}}$$

Чтобы определить знак в равенстве (3.27) положим $v = 0$. Тогда системы отсчёта S_1 и S_2 совпадают. Из равенства (3.23) следует

$$(3.28) \qquad t_2 = B t_1$$
$$x_2 = B x_1$$

$B = 1$ следует из равенства (3.28). Из равенства (3.27) следует

$$(3.29) \qquad B = \sqrt{\frac{c^2 - v^2}{c^2}}$$

Из равенств (3.23), (3.29) следует

$$(3.30) \qquad t_2 = \sqrt{\frac{c^2}{c^2 - v^2}}\left(t_1 - \frac{v}{c^2}x_1\right)$$
$$x_2 = \sqrt{\frac{c^2}{c^2 - v^2}}(x_1 - vt_1)$$

Из равенства (3.30) следует

$$(3.31) \qquad t_1 = \sqrt{\frac{c^2}{c^2 - v^2}}\left(t_2 + \frac{v}{c^2}x_2\right)$$
$$x_1 = \sqrt{\frac{c^2}{c^2 - v^2}}(x_2 + vt_2)$$

4. Преобразование Лоренца, относительная скорость больше скорости света

Рассмотрим две системы отсчёта в пространстве.[6] Пусть оси x обеих систем отсчёта совпадают. Пусть оси y и z обеих систем отсчёта параллельны. Пусть масштабы длины и времени в обеих системах отсчёта совпадают.

Каждому набору значений t_1, x_1, y_1, z_1, которые полностью определяют место и время события в системе отсчёта S_1, соответствует набор значений t_2, x_2, y_2, z_2, устанавливающих это событие в системе отсчёта S_2. Уравнения, связывающие эти величины, должны быть линейными в силу однородности пространства и времени.

Пусть система отсчёта S_2 имеет постоянную скорость $v > c$ в направлении возрастающих значений x системы отсчёта S_1 (прямая AB в пространстве событий). В момент времени $t_{1.1}$ (точка F_1 в пространстве событий) наблюдатель A_2 посылает луч света в направлении точки с координатой $x_1 = x_{1.2}$ (точка F_2 в пространстве событий). В точке с координатой $x_1 = x_{1.2}$ стоит зеркало, которое отражает свет в момент времени $t_1 = t_{1.2}$.

В пространстве событий отражение света в точке с координатой x_2 равносильно отражению луча относительно прямой CD, параллельной оси t. Однако мы не можем непосредственно применить метод, использованный в разделе 3, так как световой сигнал, отражённый в точке $x_{1.1}$, никогда не встретит наблюдателя, связанного с системой отсчёта S_2.

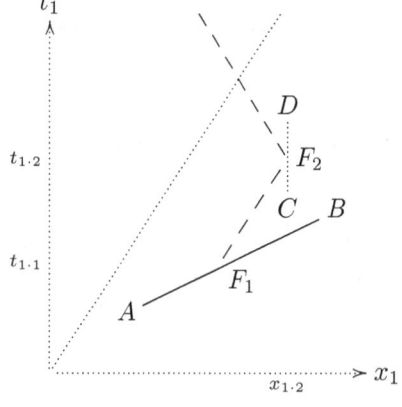

---

[6]В этом разделе я следую [1], §3.

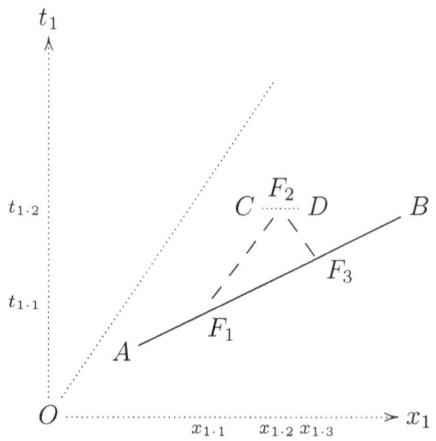

Согласно [5], с. 94, 98, фотон с положительной частотой распространяется вперёд во времени и фотон с отрицательной частотой распространяется назад во времени. Мы предположим, что в точке $x_{1\cdot2}$ излучается фотон с отрицательной частотой и распространяется вдоль оси x в том же направлении, что и исходный фотон (прямая F_2F_3 в пространстве событий). Это равносильно утверждению, что в событии F_2 фотон отражается относительно прямой CD, параллельной оси x.

Так как угол между прямой AB и осью t больше угла между прямой F_1F_2 и осью t, то угол между прямой AB и осью x меньше угла между прямой F_1F_2 и осью x. Согласно теореме 2.4, фотон с отрицательной частотой, излучённый в точке F_2, пересечёт прямую AB в точке F_3

$$x_{1\cdot1} < x_{1\cdot2} < x_{1\cdot3}$$

Согласно теореме 2.1,

$$t_{1\cdot1} < t_{1\cdot2} \quad t_{1\cdot3} < t_{1\cdot2}$$

Следовательно, для системы отсчёта S_2 координата x выполняет роль времени и координата t является пространственной координатой.

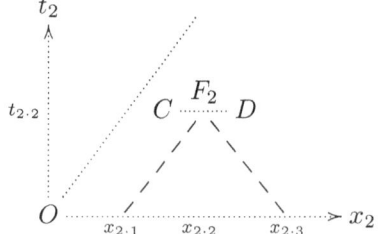

Так как координата t в системе отсчёта S_2 может меняться произвольно, то наблюдатель в системе отсчёта S_2 полагает, что в состоянии покоя $t = 0$. Следовательно, отражённый свет возвращается в начало координат системы отсчёта S_2.

Если мы положим

(4.1)
$$t'_1 = t_1 - \frac{x_1}{v}$$

то точке, покоящейся в системе отсчёта S_2, будет принадлежать независимый от x_1 набор координат t'_1, y_1, z_1. Следовательно, x_2 является линейной функцией t'_1, y_1, z_1, x_1

(4.2)
$$x_2 = Ax_1 + Bt'_1$$

Предполагается, что коэффициенты A, B могут зависеть от скорости v. Мы также полагаем

(4.3)
$$y_2 = y_1 \quad z_2 = z_1$$

Пусть из начала координат системы отсчёта S_2 в момент времени $x_{2\cdot1}$ посылается луч света вдоль оси t в точку $t_{1\cdot2}$ и отражается оттуда в момент времени $x_{2\cdot2}$ назад в начало координат, куда он приходит в момент времени $x_{2\cdot3}$. Тогда

(4.4)
$$x_{2\cdot2} = \frac{x_{2\cdot1} + x_{2\cdot3}}{2}$$

Если точка находится на мировой линии системы отсчёта S_2, то $t'_1 = 0$. В частности,

$$(4.5) \qquad t'_{1 \cdot 1} = t_{1 \cdot 1} - \frac{x_{1 \cdot 1}}{v} = 0$$

$$(4.6) \qquad t'_{1 \cdot 3} = t_{1 \cdot 3} - \frac{x_{1 \cdot 3}}{v} = 0$$

Согласно определению (4.1), значение $t'_1 = t'_{1 \cdot 2}$ в системе отсчёта S_1 соответствует точке $t_2 = t_{2 \cdot 2}$, покоящейся в системе отсчёта S_2, т. е. это значение соответствует точке, которая движется вдоль оси x в направлении возрастания x со скоростью v и которая в момент $x_1 = 0$ находится в точке $t_1 = t'_{1 \cdot 2}$. Следовательно, луч света, излучённый в точке $x_1 = x_{1 \cdot 1}$ в момент времени $t_1 = t_{1 \cdot 1}$, достигнет точку, соответствующую значению $t'_1 = t'_{1 \cdot 2}$, в момент времени $x_1 = x_{1 \cdot 2}$ такой, что

$$(4.7) \qquad t_{1 \cdot 1} + \frac{x_{1 \cdot 2} - x_{1 \cdot 1}}{c} = t'_{1 \cdot 2} + \frac{x_{1 \cdot 2}}{v}$$

Из равенства (4.7) следует

$$(4.8) \qquad t_{1 \cdot 1} - \frac{x_{1 \cdot 1}}{v} + \frac{x_{1 \cdot 2} - x_{1 \cdot 1}}{c} = t'_{1 \cdot 2} + \frac{x_{1 \cdot 2}}{v} - \frac{x_{1 \cdot 1}}{v}$$

Из равенств (4.5), (4.8) следует

$$(4.9) \qquad \frac{x_{1 \cdot 2} - x_{1 \cdot 1}}{c} = t'_{1 \cdot 2} + \frac{x_{1 \cdot 2} - x_{1 \cdot 1}}{v}$$

Из равенства (4.9) следует

$$(4.10) \qquad x_{1 \cdot 2} = x_{1 \cdot 1} + t'_{1 \cdot 2} \frac{cv}{v - c}$$

Из равенства (4.6) следует, что луч света, отражённый в точке $x_1 = x_{1 \cdot 2}$ в момент времени $t_1 = t_{1 \cdot 2}$, достигнет точку, соответствующую значению $t'_1 = t'_{1 \cdot 3}$, в момент времени $x_1 = x_{1 \cdot 3}$ такой, что

$$(4.11) \qquad \left(t'_{1 \cdot 2} + \frac{x_{1 \cdot 2}}{v} \right) - \frac{x_{1 \cdot 3} - x_{1 \cdot 2}}{c} = \frac{x_{1 \cdot 3}}{v}$$

Из равенства (4.11) следует

$$(4.12) \qquad t'_{1 \cdot 2} - \frac{x_{1 \cdot 3} - x_{1 \cdot 2}}{c} = \frac{x_{1 \cdot 3}}{v} - \frac{x_{1 \cdot 2}}{v} = \frac{x_{1 \cdot 3} - x_{1 \cdot 2}}{v}$$

Из равенства (4.12) следует

$$(4.13) \qquad t'_{1 \cdot 2} = \frac{c + v}{cv}(x_{1 \cdot 3} - x_{1 \cdot 2})$$

Из равенства (4.13) следует

$$(4.14) \qquad x_{1 \cdot 3} = x_{1 \cdot 2} + t'_{1 \cdot 2} \frac{cv}{c + v}$$

Из равенств (4.10), (4.14) следует

$$(4.15) \qquad x_{1 \cdot 3} = x_{1 \cdot 1} + t'_{1 \cdot 2} \frac{cv}{v - c} + t'_{1 \cdot 2} \frac{cv}{c + v}$$

Из равенств (4.2), (4.4), (4.10), (4.15), следует

$$(4.16) \qquad \begin{aligned} 2 &\left(Bt'_{1 \cdot 2} + A \left(x_{1 \cdot 1} + t'_{1 \cdot 2} \frac{cv}{v - c} \right) \right) \\ &= Ax_{1 \cdot 1} + A \left(x_{1 \cdot 1} + t'_{1 \cdot 2} \frac{cv}{v - c} + t'_{1 \cdot 2} \frac{cv}{c + v} \right) \end{aligned}$$

Из уравнения (4.16) следует

$$(4.17) \qquad B = \frac{A}{2} \left(\frac{cv}{c + v} - \frac{cv}{v - c} \right) = -A \frac{c^2 v}{v^2 - c^2}$$

Из равенств (4.2), (4.17) следует

$$(4.18) \qquad x_{2\cdot 2} = A\left(x_{1\cdot 2} - \frac{c^2 v}{v^2 - c^2}t'_{1\cdot 2}\right)$$

Согласно построению, $t'_{1\cdot 2}$ в равенстве (4.18) произвольно. Аналогично, $x_{1\cdot 2}$ произвольно, так как согласно равенству (4.10), для заданного значения $t'_{1\cdot 2}$ мы можем подобрать значение $x_{1\cdot 1}$ так, чтобы получить заданное значение $x_{1\cdot 2}$. Поэтому мы можем записать равенство (4.18) в виде

$$(4.19) \qquad x_2 = A\left(x_1 - \frac{c^2 v}{v^2 - c^2}t'_1\right)$$

В частности, из равенств (4.10), (4.19) следует

$$(4.20) \qquad x_{2\cdot 1} = A x_{1\cdot 1}$$

Так как свет при измерении в системе отсчёта S_2 также распространяется со скоростью c, то из равенств (4.19), (4.20) следует[7]

$$(4.21) \qquad t_2 = (x_2 - x_{2\cdot 1})c = Ac\left(x_1 - \frac{c^2 v}{v^2 - c^2}t'_1 - x_{1\cdot 1}\right)$$

Из равенств (4.21), (4.10) следует

$$(4.22) \qquad t_2 = Ac\left(x_1 - x_{1\cdot 1} - \frac{c^2 v}{v^2 - c^2}t'_1\right) = Ac\left(\frac{cv}{v - c}t'_1 - \frac{c^2 v}{v^2 - c^2}t'_1\right)$$

Из равенств (4.1), (4.18), (4.22) следует

$$(4.23) \qquad \begin{aligned} x_2 &= A\left(x_1 - \frac{c^2 v}{v^2 - c^2}\left(t_1 - \frac{x_1}{v}\right)\right) = A\frac{v}{v^2 - c^2}(vx_1 - c^2 t_1) \\ t_2 &= Ac\frac{cv^2}{v^2 - c^2}\left(t_1 - \frac{x_1}{v}\right) \qquad = A\frac{c^2 v}{v^2 - c^2}(vt_1 - x_1) \end{aligned}$$

Так как скорость распространения света в пустоте[8] относительно систем отсчёта S_1 и S_2 равна c, уравнения

$$(4.24) \qquad \begin{aligned} x_1^2 + y_1^2 + z_1^2 &= c^2 t_1^2 \\ t_2^2 + y_2^2 + z_2^2 &= c^2 x_2^2 \end{aligned}$$

должны быть эквивалентны. Из равенств (4.3), (4.24) следует

$$(4.25) \qquad x_1^2 - c^2 t_1^2 = t_2^2 - c^2 x_2^2$$

---

[7]Координата x_2 служит для измерения времени в системе отсчёта S_2, а координата t_2 служит для измерения пространственных интервалов в системе отсчёта S_2. Уравнения Максвелла так же верны в системе отсчёта S_2. В частности, скорость света в вакууме, измеренная в системе отсчёта S_2, также равна c. Формально, мы должны записать

$$t_2 = t_{2\cdot 1} + (x_2 - x_{2\cdot 1})c$$

Однако согласно построению $t_{2\cdot 1} = 0$.

[8]В этой части рассуждений я следую [2], §3.

Из равенств (4.23), (4.25) следует

$$
\begin{aligned}
x_1^2 &- c^2 t_1^2 \\
&= A^2 \frac{c^4 v^2}{(v^2 - c^2)^2}(vt_1 - x_1)^2 - c^2 A^2 \frac{v^2}{(v^2 - c^2)^2}(vx_1 - c^2 t_1)^2 \\
&= A^2 \frac{c^2 v^2}{(v^2 - c^2)^2}(c^2(vt_1 - x_1)^2 - (vx_1 - c^2 t_1)^2) \\
&= A^2 \frac{c^2 v^2}{(v^2 - c^2)^2}(c^2 v^2 t_1^2 - 2c^2 vt_1 x_1 + c^2 x_1^2 - v^2 x_1^2 + 2vc^2 x_1 t_1 - c^4 t_1^2) \\
&= A^2 \frac{c^2 v^2}{(v^2 - c^2)^2}((c^2 - v^2)x_1^2 - c^2(c^2 - v^2)t_1^2) \\
&= A^2 \frac{c^2 v^2}{v^2 - c^2}(x_1^2 - c^2 t_1^2)
\end{aligned}
$$

(4.26)

Из равенства (4.26) следует

(4.27)
$$
A = \pm \sqrt{\frac{v^2 - c^2}{c^2 v^2}}
$$

Чтобы определить знак в равенстве (4.27), обратим внимание, что в равенстве (4.23) координаты x_1, x_2 увеличиваются одновременно, если $v > 0$. Поэтому мы положим

(4.28)
$$
A = \sqrt{\frac{v^2 - c^2}{c^2 v^2}}
$$

Из равенств (4.23), (4.28) следует

(4.29)
$$
\begin{aligned}
t_2 &= \sqrt{\frac{c^2}{v^2 - c^2}}(vt_1 - x_1) \\
x_2 &= \sqrt{\frac{c^2}{v^2 - c^2}}\left(\frac{v}{c^2}x_1 - t_1\right)
\end{aligned}
$$

Из равенства (4.29) следует

(4.30)
$$
\begin{aligned}
t_1 &= \sqrt{\frac{c^2}{v^2 - c^2}}\left(x_2 + \frac{v}{c^2}t_2\right) \\
x_1 &= \sqrt{\frac{c^2}{v^2 - c^2}}(t_2 + vx_2)
\end{aligned}
$$

5. Измерение скорости

Пусть система отсчёта S_3 имеет постоянную скорость $v_{3.2}$ в направлении возрастающих значений x системы отсчёта S_2. Выберем за начало отсчёта времени в системе отсчёта S_2 момент пересечения мировых линий систем отсчёта S_2 и S_3. Выберем за начало отсчёта координаты x в системе отсчёта S_2 точку пересечения мировых линий систем отсчёта S_2 и S_3. Рассмотрим процедуру измерение скорости системы отсчёта S_3 относительно системы отсчёта S_2.[9]

---

[9]Аналогичная процедура рассмотрена в разделе [10]-11.

Предположим, что наблюдатель системы отсчёта S_2 поместил в точке $x_2 = x_{2 \cdot 1}$ прибор, посылающий наблюдателю световые сигналы. В тот момент, когда мировая линия системы отсчёта S_3 пересекает мировую линию системы отсчёта S_2, наблюдатель посылает в точку $x_2 = x_{2 \cdot 1}$ световой луч. Момент прибытия светового луча в точку $x_2 = x_{2 \cdot 1}$ представлен на диаграмме пространства событий точкой F_1. Установленный прибор посылает наблюдателю световой луч с частотой ω_1. Наблюдатель получит этот световой луч в момент времени $t_{2 \cdot 3}$. Момент прибытия системы отсчёта S_3 в точку $x_2 = x_{2 \cdot 1}$ представлен на диаграмме пространства событий точкой F_2. Установленный прибор посылает наблюдателю световой луч с частотой ω_2. Наблюдатель получит этот световой луч в момент времени $t_{2 \cdot 4}$.

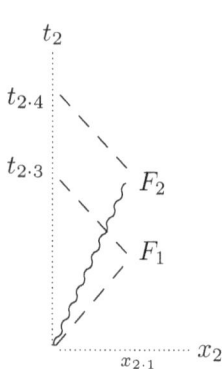

Так как наблюдатель системы отсчёта S_2 знает время $t_{2 \cdot 3}$, то из этого следует, что

$$(5.1) \qquad x_{2 \cdot 2} = x_{2 \cdot 1} = \frac{t_{2 \cdot 3}}{2} c$$

На основе значений $t_{2 \cdot 3}$ и $t_{2 \cdot 4}$, наблюдатель системы отсчёта S_2 знает, что система отсчёта S_3 прибыла в точку $x_2 = x_{2 \cdot 1}$ в момент времени

$$(5.2) \qquad t_{2 \cdot 2} = t_{2 \cdot 4} - \frac{t_{2 \cdot 3}}{2}$$

Из равенств (5.1), (5.2), следует, что скорость системы отсчёта S_3 относительно системы отсчёта S_2 определена значением

$$(5.3) \qquad v_{3 \cdot 2} = \frac{x_{2 \cdot 2}}{t_{2 \cdot 2}} = \frac{t_{2 \cdot 3} c}{2 t_{2 \cdot 4} - t_{2 \cdot 3}} = \frac{c}{2 \dfrac{t_{2 \cdot 4}}{t_{2 \cdot 3}} - 1}$$

Из равенства (5.3), следует, что

$$t_{2 \cdot 3} < t_{2 \cdot 4} \implies v_{3 \cdot 2} < c$$

$$t_{2 \cdot 3} > t_{2 \cdot 4} \implies v_{3 \cdot 2} > c$$

Пусть система отсчёта S_2 имеет постоянную скорость $v_{2 \cdot 1}$

$$-c < v_{2 \cdot 1} < c$$

в направлении возрастающих значений x системы отсчёта S_1. Согласно равенству (3.31), относительно системы отсчёта S_1, точка F_2 имеет координаты

$$(5.4) \qquad \begin{aligned} x_{1 \cdot 2} &= \sqrt{\frac{c^2}{c^2 - v_{2 \cdot 1}^2}} \left(x_{2 \cdot 2} + v_{2 \cdot 1} t_{2 \cdot 2} \right) \\ t_{1 \cdot 2} &= \sqrt{\frac{c^2}{c^2 - v_{2 \cdot 1}^2}} \left(t_{2 \cdot 2} + \frac{v_{2 \cdot 1}}{c^2} x_{2 \cdot 2} \right) \end{aligned}$$

Из равенств (5.3), (5.4), следует, что скорость системы отсчёта S_3 относительно системы отсчёта S_1 определена значением

$$(5.5) \qquad v_{3 \cdot 1} = \frac{x_{1 \cdot 2}}{t_{1 \cdot 2}} = \frac{x_{2 \cdot 2} + v_{2 \cdot 1} t_{2 \cdot 2}}{t_{2 \cdot 2} + \dfrac{v_{2 \cdot 1}}{c^2} x_{2 \cdot 2}} = \frac{v_{3 \cdot 2} + v_{2 \cdot 1}}{1 + \dfrac{v_{3 \cdot 2} v_{2 \cdot 1}}{c^2}}$$

Знаки скоростей $v_{3 \cdot 1}$, $v_{3 \cdot 2}$ могут совпадать, однако для нас более интересен случай, когда эти знаки отличаются. Чтобы понять, с какими явлениями это связано, мы запишем равенства (5.4) в виде

(5.6)
$$x_{1\cdot 2} = \sqrt{\frac{c^2}{c^2 - v_{2\cdot 1}^2}}\left(1 + v_{2\cdot 1}\frac{t_{2\cdot 2}}{x_{2\cdot 2}}\right)x_{2\cdot 2}$$

$$t_{1\cdot 2} = \sqrt{\frac{c^2}{c^2 - v_{2\cdot 1}^2}}\left(1 + \frac{v_{2\cdot 1}}{c^2}\frac{x_{2\cdot 2}}{t_{2\cdot 2}}\right)t_{2\cdot 2}$$

Из равенств (5.3), (5.6), следует

(5.7)
$$x_{1\cdot 2} = \sqrt{\frac{c^2}{c^2 - v_{2\cdot 1}^2}}\left(1 + \frac{v_{2\cdot 1}}{v_{3\cdot 2}}\right)x_{2\cdot 2}$$

$$t_{1\cdot 2} = \sqrt{\frac{c^2}{c^2 - v_{2\cdot 1}^2}}\left(1 + \frac{v_{2\cdot 1}v_{3\cdot 2}}{c^2}\right)t_{2\cdot 2}.$$

ТЕОРЕМА 5.1. *Пусть*

(5.8)
$$0 < v_{3\cdot 2} < c$$

(5.9)
$$-c < v_{2\cdot 1} < c$$

Если скорость $|v_{2\cdot 1}|$ системы отсчёта S_2 относительно системы отсчёта S_1 в направлении убывающих значений x больше, чем скорость системы отсчёта S_3 относительно системы отсчёта S_2, то система отсчёта S_3 движется относительно системы отсчёта S_1 в направлении убывающих значений x.

ДОКАЗАТЕЛЬСТВО. Из равенства (5.7) и неравенств (5.8), (5.9) следует, что $t_{1\cdot 2}$ и $t_{2\cdot 2}$ имеют один и тот же знак. $x_{1\cdot 2}$ и $x_{2\cdot 2}$ могут иметь разные знаки, если

(5.10)
$$1 + \frac{v_{2\cdot 1}}{v_{3\cdot 2}} < 0$$

Из неравенств (5.9), (5.10) следует

(5.11)
$$-c < v_{2\cdot 1} < -v_{3\cdot 2}$$

Утверждение теоремы следует из равенства (5.11). □

Теорема 5.1 может быть сформулирована иначе.

СЛЕДСТВИЕ 5.2. *Пусть система отсчёта S_3 движется со скоростью $v_{3\cdot 2}$*
$$0 < v_{3\cdot 2} < c$$

относительно системы отсчёта S_2 в направлении возрастающих значений x. Пусть система отсчёта S_1 движется со скоростью $v_{1\cdot 2}$
$$0 < v_{1\cdot 2} < c$$

относительно системы отсчёта S_2 в направлении возрастающих значений x. Если
$$v_{3\cdot 2} < v_{1\cdot 2}$$

то система отсчёта S_3 движется относительно системы отсчёта S_1 в направлении убывающих значений x. □

ЗАМЕЧАНИЕ 5.3. Пусть $|v_{3\cdot 2}| \le c$. Мы положим[10]
$$v_{2\cdot 1} = c(1 - a) \quad 2 \le a \le 0$$

$$v_{3\cdot 2} = c(1 - b) \quad 2 \le b \le 0$$

---

[10]При оценке величины скорости $v_{3\cdot 1}$ я следую [1], §5.

Тогда равенство (5.5) примет вид

(5.12) $$v_{3\cdot1} = \frac{c((1-b)+(1-a))}{1 + \frac{c^2(1-b)(1-a)}{c^2}} = c\,\frac{2-b-a}{2-b-a+ab}$$

Следовательно $|v_{3\cdot1}| \leq c$. □

Теорема 5.4. *Пусть*

(5.13) $$v_{3\cdot2} > c$$

(5.14) $$-c < v_{2\cdot1} < c$$

Если скорость $|v_{2\cdot1}|$ системы отсчёта S_2 относительно системы отсчёта S_1 в направлении убывающих значений x удовлетворяет неравенству

(5.15) $$\frac{c^2}{v_{3\cdot2}} < |v_{2\cdot1}| < c$$

то система отсчёта S_3 движется относительно системы отсчёта S_1 в направлении убывающих значений x.

Доказательство. Из равенства (5.7) и неравенств (5.13), (5.14) следует, что $x_{1\cdot2}$ и $x_{2\cdot2}$ имеют один и тот же знак. $t_{1\cdot2}$ и $t_{2\cdot2}$ могут иметь разные знаки, если

(5.16) $$1 + \frac{v_{2\cdot1}v_{3\cdot2}}{c^2} < 0$$

Из неравенства (5.16) следует

(5.17) $$-c < v_{2\cdot1} < -\frac{c^2}{v_{3\cdot2}}$$

Условие (5.15) следует из условия (5.17). □

Замечание 5.5. Система отсчёта S_3 имеет постоянную скорость в направлении возрастающих значений x системы отсчёта S_1. При увеличении x на мировой линии системы отсчёта S_3 координата t убывает. Однако наблюдатель системы отсчёта S_1 может воспринимать значения координаты t только в порядке возрастания. Поэтому наблюдатель системы отсчёта S_1 видит движение системы отсчёта S_3 в направлении убывающих значений x. □

Теорема 5.4 с учётом замечания 5.5 может быть сформулирована иначе.

Следствие 5.6. *Пусть система отсчёта S_3 движется со скоростью $v_{3\cdot2} > c$ относительно системы отсчёта S_2 в направлении возрастающих значений x. Пусть система отсчёта S_1 движется со скоростью $v_{1\cdot2}$*

$$\frac{c^2}{v_{3\cdot2}} < v_{1\cdot2} < c$$

относительно системы отсчёта S_2 в направлении возрастающих значений x. Тогда система отсчёта S_3 движется относительно системы отсчёта S_1 в направлении убывающих значений x. □

Замечание 5.7. Из теоремы 5.4 и равенства (5.5) следует, что при условии

$$v_{2\cdot1} = -\frac{c^2}{v_{3\cdot2}}$$

скорость $v_{3\cdot1}$ становится бесконечно большой. Это соответствует случаю, когда мировая линия системы отсчёта S_3 совпадает с осью x в системе отсчёта S_1.

Из замечания 5.3 следует $|v_{3\cdot1}| > c$. □

6. Отслеживание движения

Чтобы лучше понять смысл замечания 5.7, мы рассмотрим, каким образом наблюдатель системы отсчёта S_2 следит за движением системы отсчёта S_3.

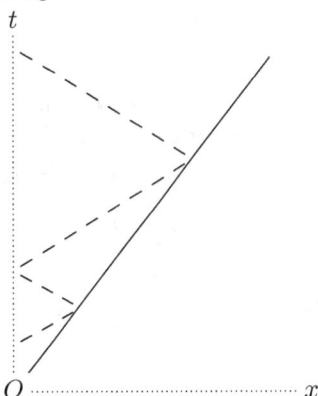

Мы начнём с рассмотрения процедуры подобной лестнице Шилда ([6], дополнение 10.2, сс. 309,310, дополнение 16.4, с. 26). В случае

$$0 < v_{3 \cdot 2} < c$$

эта процедура примет следующий вид.

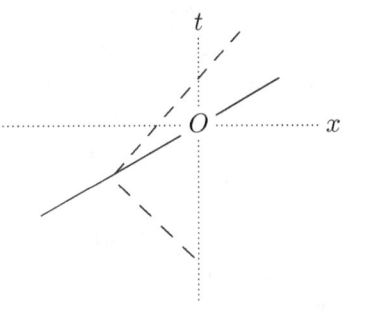

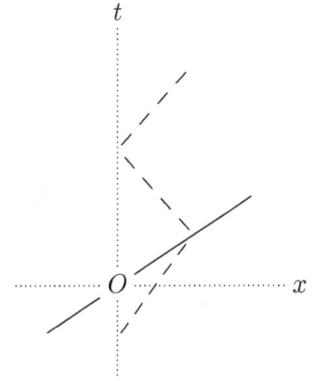

Однако, если

$$v_{3 \cdot 2} > c$$

то наблюдатель системы отсчёта S_2 не может воспользоваться этой процедурой, так как дважды отражённый луч не догонит наблюдателя системы отсчёта S_3.

Мы можем модифицировать рассматриваемую процедуру. Например, наблюдатель системы отсчёта S_2 периодически посылает сигнал, не ожидая ответа на предыдущий сигнал. По аналогии с известным методом измерения расстояний мы назовём эту процедуру эхолокацией.

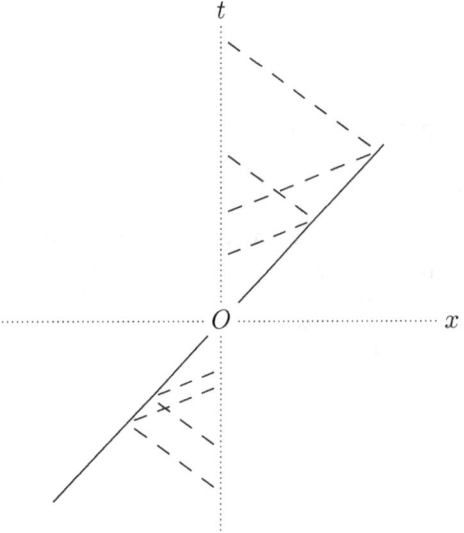

Мы сперва рассмотрим эхолокацию в случае

$$0 < v_{3 \cdot 2} < c$$

В любой момент времени наблюдатель системы отсчёта S_2 может послать световой луч вдоль оси координат x в любом направлениии. Так как угол между мировой линией системы отсчёта S_3 и осью координат t меньше, чем угол между мировой линией луча света и осью координат t, то только один луч света пересечёт мировую линию системы отсчёта S_3 в будущем.

ТЕОРЕМА 6.1. *Пусть наблюдатель системы отсчёта S_3 приближается к наблюдателю системы отсчёта S_2 со скоростью*

$$0 < v_{3 \cdot 2} < c$$

Пусть

(6.1)
$$\Delta_1 t_2 = t_{2 \cdot D} - t_{2 \cdot A}$$

интервал времени между сигналами, излучаемыми наблюдателем системы отсчёта S_2. Пусть

(6.2)
$$\Delta_2 t_2 = t_{2 \cdot F} - t_{2 \cdot C}$$

интервал времени в системе отсчёта S_2 между приёмом отражённых лучей. Тогда

(6.3)
$$\Delta_2 t_2 = \frac{c - v_{3 \cdot 2}}{c + v_{3 \cdot 2}} \Delta_1 t_2$$

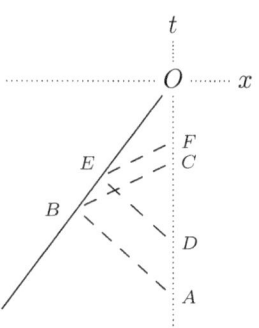

ДОКАЗАТЕЛЬСТВО. Так как $AB \parallel DE$, то треугольники ABO, DEO подобны. Следовательно,

(6.4)
$$\frac{t_{2 \cdot D}}{t_{2 \cdot A}} = \frac{DO}{AO} = \frac{EO}{BO} = \frac{t_{2 \cdot E}}{t_{2 \cdot B}}$$

Так как $BC \parallel EF$, то треугольники BCO, EFO подобны. Следовательно,

(6.5)
$$\frac{t_{2 \cdot F}}{t_{2 \cdot C}} = \frac{FO}{CO} = \frac{EO}{BO} = \frac{t_{2 \cdot E}}{t_{2 \cdot B}}$$

Из равенств (6.4), (6.5) следует

(6.6)
$$\frac{t_{2 \cdot D}}{t_{2 \cdot A}} = \frac{t_{2 \cdot F}}{t_{2 \cdot C}}$$

Из равенств (6.1), (6.2) следует

(6.7)
$$t_{2 \cdot D} = t_{2 \cdot A} - \Delta_1 t_2$$
$$t_{2 \cdot F} = t_{2 \cdot C} - \Delta_2 t_2$$

Из равенств (6.6), (6.7), следует

(6.8)
$$\frac{t_{2 \cdot A} - \Delta_1 t_2}{t_{2 \cdot A}} = \frac{t_{2 \cdot C} - \Delta_2 t_2}{t_{2 \cdot C}}$$

$$1 - \frac{\Delta_1 t_2}{t_{2 \cdot A}} = 1 - \frac{\Delta_2 t_2}{t_{2 \cdot C}}$$

Из равенства (6.8) следует

(6.9)
$$\Delta_2 t_2 = \frac{t_{2 \cdot C}}{t_{2 \cdot A}} \Delta_1 t_2$$

Так как наблюдатель системы отсчёта S_3 приближается к наблюдателю системы отсчёта S_2 со скоростью

$$0 < v_{3 \cdot 2} < c$$

то

(6.10)
$$v_{3 \cdot 2} t_{2 \cdot B} = -c(t_{2 \cdot B} - t_{2 \cdot A})$$

Из равенства (6.10) следует

(6.11)
$$t_{2 \cdot B} = \frac{c}{v_{3 \cdot 2} + c} t_{2 \cdot A}$$

Так как

(6.12) $$t_{2\cdot C} - t_{2\cdot B} = t_{2\cdot B} - t_{2\cdot A}$$

то из равенств (6.11), (6.12) следует

(6.13) $$t_{2\cdot C} = 2t_{2\cdot B} - t_{2\cdot A} = 2\frac{c}{c - v_{3\cdot 2}}t_{2\cdot A} - t_{2\cdot A} = \frac{c + v_{3\cdot 2}}{c - v_{3\cdot 2}}t_{2\cdot A}$$

Равенство (6.3) следует из равенств (6.9), (6.13). □

СЛЕДСТВИЕ 6.2. *Пусть наблюдатель системы отсчёта S_3 приближается к наблюдателю системы отсчёта S_2 со скоростью*

$$0 < v_{3\cdot 2} < c$$

Тогда интервал времени в системе отсчёта S_2 между приёмом отражённых лучей меньше интервала времени между сигналами, излучаемыми наблюдателем системы отсчёта S_2. □

ТЕОРЕМА 6.3. *Пусть наблюдатель системы отсчёта S_3 удаляется от наблюдателя системы отсчёта S_2 со скоростью*

$$0 < v_{3\cdot 2} < c$$

Пусть

(6.14) $$\Delta_1 t_2 = t_{2\cdot D} - t_{2\cdot A}$$

интервал времени между сигналами, излучаемыми наблюдателем системы отсчёта S_2. Пусть

(6.15) $$\Delta_2 t_2 = t_{2\cdot F} - t_{2\cdot C}$$

интервал времени в системе отсчёта S_2 между приёмом отражённых лучей. Тогда

(6.16) $$\Delta_2 t_2 = \frac{c + v_{3\cdot 2}}{c - v_{3\cdot 2}}\Delta_1 t_2$$

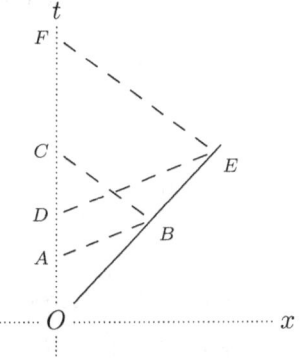

ДОКАЗАТЕЛЬСТВО. Так как $AB \parallel DE$, то треугольники ABO, DEO подобны. Следовательно,

(6.17) $$\frac{t_{2\cdot D}}{t_{2\cdot A}} = \frac{DO}{AO} = \frac{EO}{BO} = \frac{t_{2\cdot E}}{t_{2\cdot B}}$$

Так как $BC \parallel EF$, то треугольники BCO, EFO подобны. Следовательно,

(6.18) $$\frac{t_{2\cdot F}}{t_{2\cdot C}} = \frac{FO}{CO} = \frac{EO}{BO} = \frac{t_{2\cdot E}}{t_{2\cdot B}}$$

Из равенств (6.17), (6.18) следует

(6.19) $$\frac{t_{2\cdot D}}{t_{2\cdot A}} = \frac{t_{2\cdot F}}{t_{2\cdot C}}$$

Из равенств (6.14), (6.15) следует

(6.20) $$t_{2\cdot D} = t_{2\cdot A} - \Delta_1 t_2$$
$$t_{2\cdot F} = t_{2\cdot C} - \Delta_2 t_2$$

Из равенств (6.19), (6.20) следует

$$\frac{t_{2\cdot A} - \Delta_1 t_2}{t_{2\cdot A}} = \frac{t_{2\cdot C} - \Delta_2 t_2}{t_{2\cdot C}}$$

(6.21)

$$1 - \frac{\Delta_1 t_2}{t_{2\cdot A}} = 1 - \frac{\Delta_2 t_2}{t_{2\cdot C}}$$

Из равенства (6.21) следует

(6.22)
$$\Delta_2 t_2 = \frac{t_{2\cdot C}}{t_{2\cdot A}} \Delta_1 t_2$$

Так как наблюдатель системы отсчёта S_3 удаляется от наблюдателя системы отсчёта S_2 со скоростью

$$0 < v_{3\cdot 2} < c$$

то

(6.23)
$$v_{3\cdot 2} t_{2\cdot B} = c(t_{2\cdot B} - t_{2\cdot A})$$

Из равенства (6.23) следует

(6.24)
$$t_{2\cdot B} = \frac{c}{c - v_{3\cdot 2}} t_{2\cdot A}$$

Так как

(6.25)
$$t_{2\cdot C} - t_{2\cdot B} = t_{2\cdot B} - t_{2\cdot A}$$

то из равенств (6.24), (6.25) следует

(6.26)
$$t_{2\cdot C} = 2t_{2\cdot B} - t_{2\cdot A} = 2\frac{c}{v_{3\cdot 2} + c} t_{2\cdot A} - t_{2\cdot A} = \frac{c - v_{3\cdot 2}}{c + v_{3\cdot 2}} t_{2\cdot A}$$

Равенство (6.16) следует из равенств (6.22), (6.26). $\square$

СЛЕДСТВИЕ 6.4. *Пусть наблюдатель системы отсчёта S_3 удаляется от наблюдателя системы отсчёта S_2 со скоростью*

$$0 < v_{3\cdot 2} < c$$

Тогда интервал времени в системе отсчёта S_2 между приёмом отражённых лучей больше интервала времени между сигналами, излучаемыми наблюдателем системы отсчёта S_2. $\square$

Если

$$v_{3\cdot 2} > c$$

то угол между мировой линией системы отсчёта S_3 и осью координат t больше, чем угол между мировой линией луча света и осью координат t. Поэтому оба луча, излучённые наблюдателем системы отсчёта S_2 в любой момент времени до встречи с наблюдателем системы отсчёта S_3, пересекут мировую линию системы отсчёта S_3. Наблюдатель системы отсчёта S_2 получит отражённые лучи после встречи с наблюдателем системы отсчёта S_3.

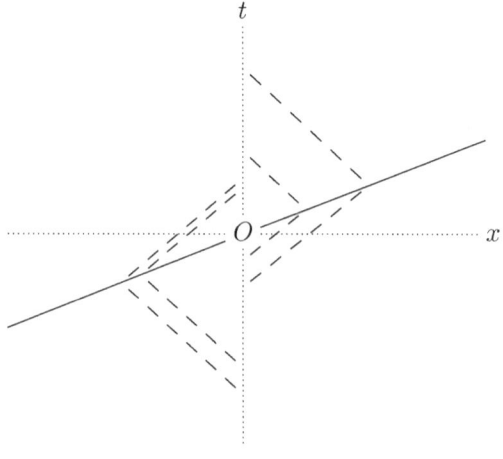

ТЕОРЕМА 6.5. *Пусть наблюдатель системы отсчёта S_3 приближается к наблюдателю системы отсчёта S_2 со скоростью*

$$v_{3\cdot2} > c$$

Пусть

$$\Delta_1 t_2 = t_{2\cdot D} - t_{2\cdot A}$$

интервал времени между сигналами, излучаемыми наблюдателем системы отсчёта S_2. Пусть

$$\Delta_2 t_2 = t_{2\cdot F} - t_{2\cdot C}$$

интервал времени в системе отсчёта S_2 между приёмом отражённых лучей. Тогда

$$\Delta_2 t_2 = \frac{c - v_{3\cdot2}}{c + v_{3\cdot2}} \Delta_1 t_2$$

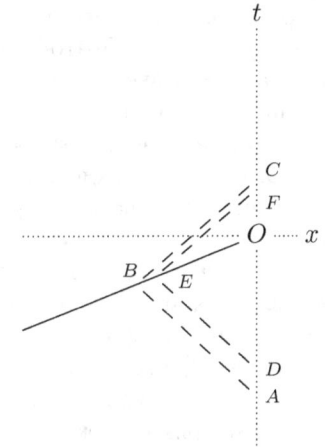

ДОКАЗАТЕЛЬСТВО. Доказательство теоремы совпадает с доказательством теоремы 6.1.

□

СЛЕДСТВИЕ 6.6. *Пусть наблюдатель системы отсчёта S_3 приближается к наблюдателю системы отсчёта S_2 со скоростью*

$$v_{3\cdot2} > c$$

Тогда интервал времени в системе отсчёта S_2 между приёмом отражённых лучей меньше интервала времени между сигналами, излучаемыми наблюдателем системы отсчёта S_2.

□

ТЕОРЕМА 6.7. *Пусть наблюдатель системы отсчёта S_3 удаляется от наблюдателя системы отсчёта S_2 со скоростью*

$$v_{3\cdot2} > c$$

Пусть

$$\Delta_1 t_2 = t_{2\cdot D} - t_{2\cdot A}$$

интервал времени между сигналами, излучаемыми наблюдателем системы отсчёта S_2. Пусть

$$\Delta_2 t_2 = t_{2\cdot F} - t_{2\cdot C}$$

интервал времени в системе отсчёта S_2 между приёмом отражённых лучей. Тогда

$$\Delta_2 t_2 = \frac{c + v_{3\cdot2}}{c - v_{3\cdot2}} \Delta_1 t_2$$

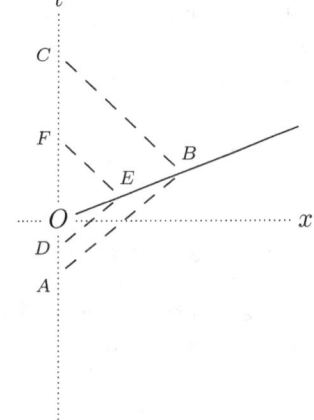

ДОКАЗАТЕЛЬСТВО. Доказательство теоремы совпадает с доказательством теоремы 6.3.

□

СЛЕДСТВИЕ 6.8. *Пусть наблюдатель системы отсчёта S_3 удаляется от наблюдателя системы отсчёта S_2 со скоростью*

$$v_{3\cdot2} > c$$

Тогда интервал времени в системе отсчёта S_2 между приёмом отражённых лучей больше интервала времени между сигналами, излучаемыми наблюдателем системы отсчёта S_2.

□

Наблюдатель системы отсчёта S_2 получает отражённые лучи в порядке обратном порядку излучения. Поэтому наблюдатель системы отсчёта S_2 может наблюдать систему отсчёта S_3 как две системы отсчёта, удаляющиеся в разные стороны. Однако, если наблюдатель системы отсчёта S_2 модулирует излучаемые сигналы временем излучения, то он может однозначно восстановить характер движения системы отсчёта S_3.

Согласно утверждениям 6.2, 6.6, независимо от значения скорости $v_{3.2}$, если наблюдатель системы отсчёта S_3 приближается к наблюдателю системы отсчёта S_2, то интервал между отражёнными сигналами меньше интервала между излучёнными сигналами. Согласно утверждениям According to statements 6.4, 6.8, если наблюдатель системы отсчёта S_3 удаляется от наблюдателя системы отсчёта S_2, то интервал между отражёнными сигналами больше интервала между излучёнными сигналами. Это явление аналогично эффекту Допплера ([3], страницы 145, 146, [4], страницы 145 - 147). Поэтому мы это явление также будем называть эффектом Допплера.

Рассмотрим системы отсчёта S_1, S_2 такие, что $v_{3.1} < 0$, $v_{3.2} > 0$. Пусть A_1, A_2 - события на мировой линии системы отсчёта S_3.

Пусть $v_{3.2} < c$. Нетрудно видеть, что система отсчёта S_3 движется в направлении убывающих значений x системы отсчёта S_1 и в направлении возрастающих значений x системы отсчёта S_2. Из доказательства теоремы 5.1 следует, что порядок событий A_1, A_2 вдоль оси x меняется, однако сохраняется порядок этих событий вдоль оси t. Это свидетельствует о сохранении причинно-следственной связи.

Пусть $v_{3.2} > c$. Согласно наблюдаемому эффекту Допплера, система отсчёта S_3 движется в направлении убывающих значений x системы отсчёта S_1 и в направлении возрастающих значений x системы отсчёта S_2. Из доказательства теоремы 5.4 следует, что порядок событий A_1, A_2 вдоль оси t меняется, однако сохраняется порядок этих событий вдоль оси x.

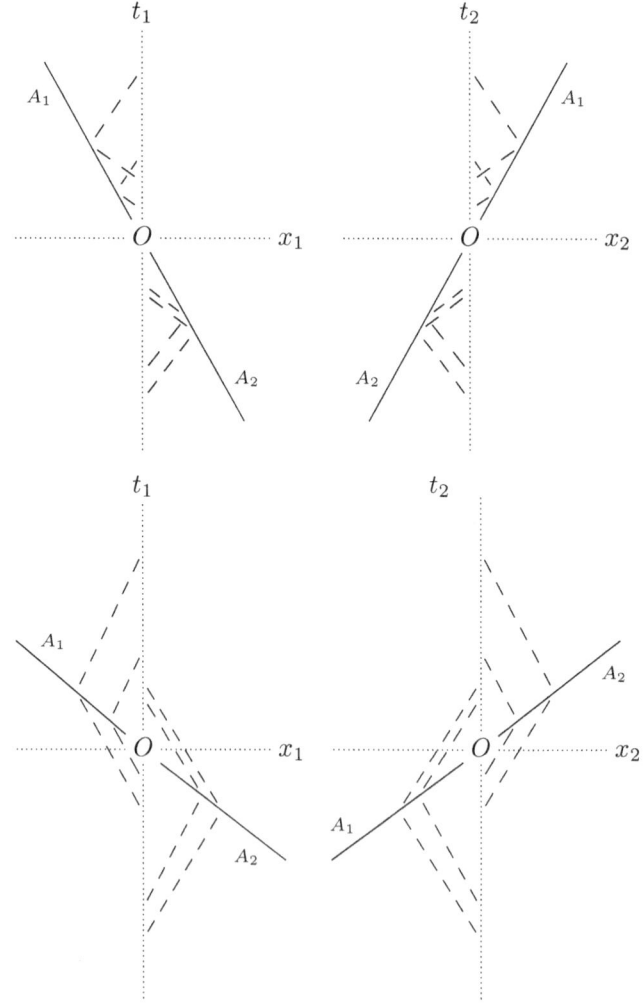

Следовательно, наблюдатель системы отсчёта S_1 видит движение системы отсчёта S_3 от события A_2 к событию A_1 и наблюдатель системы отсчёта S_2 видит движение системы отсчёта S_3 от события A_1 к событию A_2. Это свидетельствует о нарушении причинно-следственной связи в системе отсчёта S_3.

Эхолокацию можно использовать не только для отслеживания движения с постоянной скоростью. Однако этот метод эффективен только при небольших расстояниях. Поэтому мы можем модифицировать метод эхолокации. Наблюдатель системы отсчёта S_3 посылает сигналы наблюдателю системы отсчёта S_1 с заданной периодичностью. Излучение может быть непрерывным, но тогда должна быть задана частота излучения.[11]

Так как все треугольники, образованные осью координат t, мировой линией системы отсчёта S_3 и траекторией светового луча, подобны, то диаграммы в пространстве событий похожи на диаграммы эхолокации.

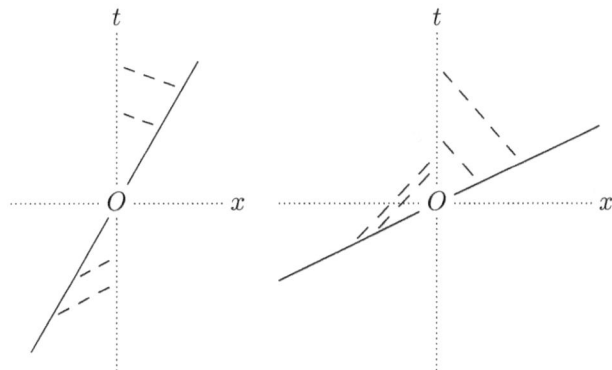

7. Список литературы

[1] Альберт Эйнштейн, К электродинамике движущихся тел, 1905, Собрание научных трудов, I, 7 - 35, М., Наука, 1965
Zur Elektrodynamik der bewegter Körper. Ann. Phys., 1905, 17, 891-921.

[2] Альберт Эйнштейн, О принципе относительности и его следствиях, 1907, Собрание научных трудов, I, 65 - 114, М., Наука, 1965
Über das Relativitätsprinzip und die aus demselben gezogenen Folgerungen. Jahrb. d. Radioaktivität u. Elektronik, 1907, 4, 411-462.

[3] Фейнман Р., Лейтон Р., Сэндс М.. Фейнмановские лекции по физике (том 3). Излучение. Волны. Кванты. М., Мир, 1976

[4] James Shipman, Jerry D. Wilson and Aaron Todd. Introduction to Physical Science. Cengage Learning, 2009; ISBN 0538731877.

[5] Walter Greiner, Joachim Reinhardt. Quantum Electrodynamics. Springer, 2009.

[6] Ч. Мизнер, К. Торн, Дж. Уилер. Гравитация, том 2.
Перевод с английского А. А. Рузмайкина под редакцией В. Б. Брагинского и И. Д. Новикова.
М. Мир, 1977.

[7] J. D. Anderson, P. A. Laing, E. L. Lau, A. S. Liu, M. M. Nieto, and S. G. Turyshev, Indication, from Pioneer 10/11, Galileo, and Ulysses Data, of an Apparent Anomalous, Weak, Long-Range Acceleration, Phys. Rev. Lett. 81, 2858, (1998), eprint arXiv:gr-qc/9808081 (1998)

[8] J. D. Anderson, P. A. Laing, E. L. Lau, A. S. Liu, M. M. Nieto, and S. G. Turyshev, Study of the anomalous acceleration of Pioneer 10 and 11, Phys. Rev. D 65, 082004, 50 pp., (2002), eprint arXiv:gr-qc/0104064 (2001)

[9] The OPERA Collaboration. Measurement of the neutrino velocity with the OPERA detector in the CNGS beam. eprint arXiv:1109.4897 [hep-ex] (2011)

[10] Александр Клейн, Система отсчета в общей теории относительности, eprint arXiv:gr-qc/0405027 (2008)

---

[11]Этот метод общения сотрудники NASA реализовали для определения траектории космического зонда Пионер 10 ([7, 8]).